Goat Pedigree
Forms

Easily Keep Track of Your Goats Pedigrees with Detailed Charts. Just Fill in the Information and Cut or Tear Out of the Book.

Designed by Clara Sherman

Goat Pedigree

Breeder:
Address:

Phone #:

Sold To:
Date:

Name:
Breed:
Reg #:
Tattoo:
DOB:
Sex:
Color:
Horns:
Notes:

I hereby certify this pedigree is correct to the best of my knowledge and belief.

Signed: _______________________ Date:

Sire:
Reg #:
Breed:
DOB:
Horns:
Color:
Bred By:
Notes:

Dam:
Reg #:
Breed:
DOB:
Horns:
Color:
Bred By:
Notes:

G. Sire:
Reg #:
Breed:
DOB:
Color:
Horns:

G. Dam:
Reg #:
Breed:
DOB:
Color:
Horns:

G. Sire:
Reg #:
Breed:
DOB:
Color:
Horns:

G. Dam:
Reg #:
Breed:
DOB:
Color:
Horns:

G. G. Sire:
Reg #:
Breed:
DOB:
Color:

G. G. Dam:
Reg #:
Breed:
DOB:
Color:

G. G. Sire:
Reg #:
Breed:
DOB:
Color:

G. G. Dam:
Reg #:
Breed:
DOB:
Color:

G. G. Sire:
Reg #:
Breed:
DOB:
Color:

G. G. Dam:
Reg #:
Breed:
DOB:
Color:

G. G. Sire:
Reg #:
Breed:
DOB:
Color:

G. G. Dam:
Reg #:
Breed:
DOB:
Color:

Goat Pedigree

Breeder:
Address:

Phone #:

Sold To:
Date:

Name:
Breed:
Reg #:
Tattoo:
DOB:
Sex:
Color:
Horns:
Notes:

Sire:
Reg #:
Breed:
DOB:
Horns:
Color:
Bred By:
Notes:

Dam:
Reg #:
Breed:
DOB:
Horns:
Color:
Bred By:
Notes:

G. Sire:
Reg #:
Breed:
DOB:
Color:
Horns:

G. Dam:
Reg #:
Breed:
DOB:
Color:
Horns:

G. Sire:
Reg #:
Breed:
DOB:
Color:
Horns:

G. Dam:
Reg #:
Breed:
DOB:
Color:
Horns:

G. G. Sire:
Reg #:
Breed:
DOB:
Color:

G. G. Dam:
Reg #:
Breed:
DOB:
Color:

G. G. Sire:
Reg #:
Breed:
DOB:
Color:

G. G. Dam:
Reg #:
Breed:
DOB:
Color:

G. G. Sire:
Reg #:
Breed:
DOB:
Color:

G. G. Dam:
Reg #:
Breed:
DOB:
Color:

G. G. Sire:
Reg #:
Breed:
DOB:
Color:

G. G. Dam:
Reg #:
Breed:
DOB:
Color:

I hereby certify this pedigree is correct to the best of my knowledge and belief.

Signed: Date:

Goat Pedigree

Breeder:
Address:

Phone #:

Sold To:
Date:

Name:
Breed:
Reg #:
Tattoo:
DOB:
Sex:
Color:
Horns:
Notes:

I hereby certify this pedigree is correct to the best of my knowledge and belief.

Signed: ___________________ Date: ___________________

Sire:
Reg #:
Breed:
DOB:
Horns:
Color:
Bred By:
Notes:

Dam:
Reg #:
Breed:
DOB:
Horns:
Color:
Bred By:
Notes:

G. Sire:
Reg #:
Breed:
DOB:
Color:
Horns:

G. Dam:
Reg #:
Breed:
DOB:
Color:
Horns:

G. Sire:
Reg #:
Breed:
DOB:
Color:
Horns:

G. Dam:
Reg #:
Breed:
DOB:
Color:
Horns:

G. G. Sire:
Reg #:
Breed:
DOB:
Color:

G. G. Dam:
Reg #:
Breed:
DOB:
Color:

G. G. Sire:
Reg #:
Breed:
DOB:
Color:

G. G. Dam:
Reg #:
Breed:
DOB:
Color:

G. G. Sire:
Reg #:
Breed:
DOB:
Color:

G. G. Dam:
Reg #:
Breed:
DOB:
Color:

G. G. Sire:
Reg #:
Breed:
DOB:
Color:

G. G. Dam:
Reg #:
Breed:
DOB:
Color:

Goat Pedigree

Breeder:
Address:

Phone #:

Sold To:
Date:

Name:
Breed:
Reg #:
Tattoo:
DOB:
Sex:
Color:
Horns:
Notes:

I hereby certify this pedigree is correct to the best of my knowledge and belief.

Signed: _______________ Date: _______________

Sire:
Reg #:
Breed:
DOB:
Horns:
Color:
Bred By:
Notes:

Dam:
Reg #:
Breed:
DOB:
Horns:
Color:
Bred By:
Notes:

G. Sire:
Reg #:
Breed:
DOB:
Color:
Horns:

G. Dam:
Reg #:
Breed:
DOB:
Color:
Horns:

G. Sire:
Reg #:
Breed:
DOB:
Color:
Horns:

G. Dam:
Reg #:
Breed:
DOB:
Color:
Horns:

G. G. Sire:
Reg #:
Breed:
DOB:
Color:

G. G. Dam:
Reg #:
Breed:
DOB:
Color:

G. G. Sire:
Reg #:
Breed:
DOB:
Color:

G. G. Dam:
Reg #:
Breed:
DOB:
Color:

G. G. Sire:
Reg #:
Breed:
DOB:
Color:

G. G. Dam:
Reg #:
Breed:
DOB:
Color:

G. G. Sire:
Reg #:
Breed:
DOB:
Color:

G. G. Dam:
Reg #:
Breed:
DOB:
Color:

Goat Pedigree

Breeder:
Address:

Phone #:

Sold To:
Date:

Name:
Breed:
Reg #:
Tattoo:
DOB:
Sex:
Color:
Horns:
Notes:

Sire:
Reg #:
Breed:
DOB:
Horns:
Color:
Bred By:
Notes:

Dam:
Reg #:
Breed:
DOB:
Horns:
Color:
Bred By:
Notes:

G. Sire:
Reg #:
Breed:
DOB:
Color:
Horns:

G. Dam:
Reg #:
Breed:
DOB:
Color:
Horns:

G. Sire:
Reg #:
Breed:
DOB:
Color:
Horns:

G. Dam:
Reg #:
Breed:
DOB:
Color:
Horns:

G. G. Sire:
Reg #:
Breed:
DOB:
Color:

G. G. Dam:
Reg #:
Breed:
DOB:
Color:

G. G. Sire:
Reg #:
Breed:
DOB:
Color:

G. G. Dam:
Reg #:
Breed:
DOB:
Color:

G. G. Sire:
Reg #:
Breed:
DOB:
Color:

G. G. Dam:
Reg #:
Breed:
DOB:
Color:

G. G. Sire:
Reg #:
Breed:
DOB:
Color:

G. G. Dam:
Reg #:
Breed:
DOB:
Color:

I hereby certify this pedigree is correct to the best of my knowledge and belief.

Signed: _______________________ Date:

Goat Pedigree

Breeder:
Address:

Phone #:

Sold To:
Date:

Name:
Breed:
Reg #:
Tattoo:
DOB:
Sex:
Color:
Horns:
Notes:

I hereby certify this pedigree
is correct to the best of my
knowledge and belief.

Signed: Date:

Sire:
Reg #:
Breed:
DOB:
Horns:
Color:
Bred By:
Notes:

Dam:
Reg #:
Breed:
DOB:
Horns:
Color:
Bred By:
Notes:

G. Sire:
Reg #:
Breed:
DOB:
Color:
Horns:

G. Dam:
Reg #:
Breed:
DOB:
Color:
Horns:

G. Sire:
Reg #:
Breed:
DOB:
Color:
Horns:

G. Dam:
Reg #:
Breed:
DOB:
Color:
Horns:

G. G. Sire:
Reg #:
Breed:
DOB:
Color:

G. G. Dam:
Reg #:
Breed:
DOB:
Color:

G. G. Sire:
Reg #:
Breed:
DOB:
Color:

G. G. Dam:
Reg #:
Breed:
DOB:
Color:

G. G. Sire:
Reg #:
Breed:
DOB:
Color:

G. G. Dam:
Reg #:
Breed:
DOB:
Color:

G. G. Sire:
Reg #:
Breed:
DOB:
Color:

G. G. Dam:
Reg #:
Breed:
DOB:
Color:

Goat Pedigree

Breeder:
Address:

Phone #:

Sold To:
Date:

Name:
Breed:
Reg #:
Tattoo:
DOB:
Sex:
Color:
Horns:
Notes:

*I hereby certify this pedigree
is correct to the best of my
knowledge and belief.*

Signed: _______________ Date:

Sire:
Reg #:
Breed:
DOB:
Horns:
Color:
Bred By:
Notes:

Dam:
Reg #:
Breed:
DOB:
Horns:
Color:
Bred By:
Notes:

G. Sire:
Reg #:
Breed:
DOB:
Color:
Horns:

G. Dam:
Reg #:
Breed:
DOB:
Color:
Horns:

G. Sire:
Reg #:
Breed:
DOB:
Color:
Horns:

G. Dam:
Reg #:
Breed:
DOB:
Color:
Horns:

G. G. Sire:
Reg #:
Breed:
DOB:
Color:

G. G. Dam:
Reg #:
Breed:
DOB:
Color:

G. G. Sire:
Reg #:
Breed:
DOB:
Color:

G. G. Dam:
Reg #:
Breed:
DOB:
Color:

G. G. Sire:
Reg #:
Breed:
DOB:
Color:

G. G. Dam:
Reg #:
Breed:
DOB:
Color:

G. G. Sire:
Reg #:
Breed:
DOB:
Color:

G. G. Dam:
Reg #:
Breed:
DOB:
Color:

Goat Pedigree

Breeder:
Address:

Phone #:

Sold To:
Date:

Name:
Breed:
Reg #:
Tattoo:
DOB:
Sex:
Color:
Horns:
Notes:

I hereby certify this pedigree is correct to the best of my knowledge and belief.

Signed: _______________________ Date:

Sire:
Reg #:
Breed:
DOB:
Horns:
Color:
Bred By:
Notes:

Dam:
Reg #:
Breed:
DOB:
Horns:
Color:
Bred By:
Notes:

G. Sire:
Reg #:
Breed:
DOB:
Color:
Horns:

G. Dam:
Reg #:
Breed:
DOB:
Color:
Horns:

G. Sire:
Reg #:
Breed:
DOB:
Color:
Horns:

G. Dam:
Reg #:
Breed:
DOB:
Color:
Horns:

G. G. Sire:
Reg #:
Breed:
DOB:
Color:

G. G. Dam:
Reg #:
Breed:
DOB:
Color:

G. G. Sire:
Reg #:
Breed:
DOB:
Color:

G. G. Dam:
Reg #:
Breed:
DOB:
Color:

G. G. Sire:
Reg #:
Breed:
DOB:
Color:

G. G. Dam:
Reg #:
Breed:
DOB:
Color:

G. G. Sire:
Reg #:
Breed:
DOB:
Color:

G. G. Dam:
Reg #:
Breed:
DOB:
Color:

Goat Pedigree

Breeder:
Address:

Phone #:

Sold To:
Date:

Name:
Breed:
Reg #:
Tattoo:
DOB:
Sex:
Color:
Horns:
Notes:

Sire:
Reg #:
Breed:
DOB:
Horns:
Color:
Bred By:
Notes:

Dam:
Reg #:
Breed:
DOB:
Horns:
Color:
Bred By:
Notes:

G. Sire:
Reg #:
Breed:
DOB:
Color:
Horns:

G. Dam:
Reg #:
Breed:
DOB:
Color:
Horns:

G. Sire:
Reg #:
Breed:
DOB:
Color:
Horns:

G. Dam:
Reg #:
Breed:
DOB:
Color:
Horns:

G. G. Sire:
Reg #:
Breed:
DOB:
Color:

G. G. Dam:
Reg #:
Breed:
DOB:
Color:

G. G. Sire:
Reg #:
Breed:
DOB:
Color:

G. G. Dam:
Reg #:
Breed:
DOB:
Color:

G. G. Sire:
Reg #:
Breed:
DOB:
Color:

G. G. Dam:
Reg #:
Breed:
DOB:
Color:

G. G. Sire:
Reg #:
Breed:
DOB:
Color:

G. G. Dam:
Reg #:
Breed:
DOB:
Color:

I hereby certify this pedigree is correct to the best of my knowledge and belief.

Signed: ___________________ Date:

Goat Pedigree

Breeder:
Address:

Phone #:

Sold To:
Date:

Name:
Breed:
Reg #:
Tattoo:
DOB:
Sex:
Color:
Horns:
Notes:

I hereby certify this pedigree is correct to the best of my knowledge and belief.

Signed: ___________________ Date: ___________________

Sire:
Reg #:
Breed:
DOB:
Horns:
Color:
Bred By:
Notes:

Dam:
Reg #:
Breed:
DOB:
Horns:
Color:
Bred By:
Notes:

G. Sire:
Reg #:
Breed:
DOB:
Color:
Horns:

G. Dam:
Reg #:
Breed:
DOB:
Color:
Horns:

G. Sire:
Reg #:
Breed:
DOB:
Color:
Horns:

G. Dam:
Reg #:
Breed:
DOB:
Color:
Horns:

G. G. Sire:
Reg #:
Breed:
DOB:
Color:

G. G. Dam:
Reg #:
Breed:
DOB:
Color:

G. G. Sire:
Reg #:
Breed:
DOB:
Color:

G. G. Dam:
Reg #:
Breed:
DOB:
Color:

G. G. Sire:
Reg #:
Breed:
DOB:
Color:

G. G. Dam:
Reg #:
Breed:
DOB:
Color:

G. G. Sire:
Reg #:
Breed:
DOB:
Color:

G. G. Dam:
Reg #:
Breed:
DOB:
Color:

Goat Pedigree

Breeder:
Address:

Phone #:

Sold To:
Date:

Name:
Breed:
Reg #:
Tattoo:
DOB:
Sex:
Color:
Horns:
Notes:

Sire:
Reg #:
Breed:
DOB:
Horns:
Color:
Bred By:
Notes:

Dam:
Reg #:
Breed:
DOB:
Horns:
Color:
Bred By:
Notes:

G. Sire:
Reg #:
Breed:
DOB:
Color:
Horns:

G. Dam:
Reg #:
Breed:
DOB:
Color:
Horns:

G. Sire:
Reg #:
Breed:
DOB:
Color:
Horns:

G. Dam:
Reg #:
Breed:
DOB:
Color:
Horns:

G. G. Sire:
Reg #:
Breed:
DOB:
Color:

G. G. Dam:
Reg #:
Breed:
DOB:
Color:

G. G. Sire:
Reg #:
Breed:
DOB:
Color:

G. G. Dam:
Reg #:
Breed:
DOB:
Color:

G. G. Sire:
Reg #:
Breed:
DOB:
Color:

G. G. Dam:
Reg #:
Breed:
DOB:
Color:

G. G. Sire:
Reg #:
Breed:
DOB:
Color:

G. G. Dam:
Reg #:
Breed:
DOB:
Color:

I hereby certify this pedigree is correct to the best of my knowledge and belief.

Signed: _______________________ Date: _______________________

Goat Pedigree

Breeder:
Address:

Phone #:

Sold To:
Date:

Name:
Breed:
Reg #:
Tattoo:
DOB:
Sex:
Color:
Horns:
Notes:

Sire:
Reg #:
Breed:
DOB:
Horns:
Color:
Bred By:
Notes:

Dam:
Reg #:
Breed:
DOB:
Horns:
Color:
Bred By:
Notes:

G. Sire:
Reg #:
Breed:
DOB:
Color:
Horns:

G. Dam:
Reg #:
Breed:
DOB:
Color:
Horns:

G. Sire:
Reg #:
Breed:
DOB:
Color:
Horns:

G. Dam:
Reg #:
Breed:
DOB:
Color:
Horns:

G. G. Sire:
Reg #:
Breed:
DOB:
Color:

G. G. Dam:
Reg #:
Breed:
DOB:
Color:

G. G. Sire:
Reg #:
Breed:
DOB:
Color:

G. G. Dam:
Reg #:
Breed:
DOB:
Color:

G. G. Sire:
Reg #:
Breed:
DOB:
Color:

G. G. Dam:
Reg #:
Breed:
DOB:
Color:

G. G. Sire:
Reg #:
Breed:
DOB:
Color:

G. G. Dam:
Reg #:
Breed:
DOB:
Color:

I hereby certify this pedigree is correct to the best of my knowledge and belief.

Signed: _______________ Date:

Goat Pedigree

Breeder:
Address:

Phone #:

Sold To:
Date:

Name:
Breed:
Reg #:
Tattoo:
DOB:
Sex:
Color:
Horns:
Notes:

*I hereby certify this pedigree
is correct to the best of my
knowledge and belief.*

Signed: _______________ Date: _______________

Sire:
Reg #:
Breed:
DOB:
Horns:
Color:
Bred By:
Notes:

Dam:
Reg #:
Breed:
DOB:
Horns:
Color:
Bred By:
Notes:

G. Sire:
Reg #:
Breed:
DOB:
Color:
Horns:

G. Dam:
Reg #:
Breed:
DOB:
Color:
Horns:

G. Sire:
Reg #:
Breed:
DOB:
Color:
Horns:

G. Dam:
Reg #:
Breed:
DOB:
Color:
Horns:

G. G. Sire:
Reg #:
Breed:
DOB:
Color:

G. G. Dam:
Reg #:
Breed:
DOB:
Color:

G. G. Sire:
Reg #:
Breed:
DOB:
Color:

G. G. Dam:
Reg #:
Breed:
DOB:
Color:

G. G. Sire:
Reg #:
Breed:
DOB:
Color:

G. G. Dam:
Reg #:
Breed:
DOB:
Color:

G. G. Sire:
Reg #:
Breed:
DOB:
Color:

G. G. Dam:
Reg #:
Breed:
DOB:
Color:

Goat Pedigree

Breeder:
Address:

Phone #:

Sold To:
Date:

Name:
Breed:
Reg #:
Tattoo:
DOB:
Sex:
Color:
Horns:
Notes:

Sire:
Reg #:
Breed:
DOB:
Horns:
Color:
Bred By:
Notes:

Dam:
Reg #:
Breed:
DOB:
Horns:
Color:
Bred By:
Notes:

G. Sire:
Reg #:
Breed:
DOB:
Color:
Horns:

G. Dam:
Reg #:
Breed:
DOB:
Color:
Horns:

G. Sire:
Reg #:
Breed:
DOB:
Color:
Horns:

G. Dam:
Reg #:
Breed:
DOB:
Color:
Horns:

G. G. Sire:
Reg #:
Breed:
DOB:
Color:

G. G. Dam:
Reg #:
Breed:
DOB:
Color:

G. G. Sire:
Reg #:
Breed:
DOB:
Color:

G. G. Dam:
Reg #:
Breed:
DOB:
Color:

G. G. Sire:
Reg #:
Breed:
DOB:
Color:

G. G. Dam:
Reg #:
Breed:
DOB:
Color:

G. G. Sire:
Reg #:
Breed:
DOB:
Color:

G. G. Dam:
Reg #:
Breed:
DOB:
Color:

I hereby certify this pedigree is correct to the best of my knowledge and belief.

Signed: _______________________   Date:

Goat Pedigree

Breeder:
Address:

Phone #:

Sold To:
Date:

Name:
Breed:
Reg #:
Tattoo:
DOB:
Sex:
Color:
Horns:
Notes:

Sire:
Reg #:
Breed:
DOB:
Horns:
Color:
Bred By:
Notes:

Dam:
Reg #:
Breed:
DOB:
Horns:
Color:
Bred By:
Notes:

G. Sire:
Reg #:
Breed:
DOB:
Color:
Horns:

G. Dam:
Reg #:
Breed:
DOB:
Color:
Horns:

G. Sire:
Reg #:
Breed:
DOB:
Color:
Horns:

G. Dam:
Reg #:
Breed:
DOB:
Color:
Horns:

G. G. Sire:
Reg #:
Breed:
DOB:
Color:

G. G. Dam:
Reg #:
Breed:
DOB:
Color:

G. G. Sire:
Reg #:
Breed:
DOB:
Color:

G. G. Dam:
Reg #:
Breed:
DOB:
Color:

G. G. Sire:
Reg #:
Breed:
DOB:
Color:

G. G. Dam:
Reg #:
Breed:
DOB:
Color:

G. G. Sire:
Reg #:
Breed:
DOB:
Color:

G. G. Dam:
Reg #:
Breed:
DOB:
Color:

I hereby certify this pedigree is correct to the best of my knowledge and belief.

Signed: ___________________ Date: ___________________

Goat Pedigree

Breeder:
Address:

Phone #:

Sold To:
Date:

Name:
Breed:
Reg #:
Tattoo:
DOB:
Sex:
Color:
Horns:
Notes:

*I hereby certify this pedigree
is correct to the best of my
knowledge and belief.*

Signed: _______________ Date: _______________

Sire:
Reg #:
Breed:
DOB:
Horns:
Color:
Bred By:
Notes:

Dam:
Reg #:
Breed:
DOB:
Horns:
Color:
Bred By:
Notes:

G. Sire:
Reg #:
Breed:
DOB:
Color:
Horns:

G. Dam:
Reg #:
Breed:
DOB:
Color:
Horns:

G. Sire:
Reg #:
Breed:
DOB:
Color:
Horns:

G. Dam:
Reg #:
Breed:
DOB:
Color:
Horns:

G. G. Sire:
Reg #:
Breed:
DOB:
Color:

G. G. Dam:
Reg #:
Breed:
DOB:
Color:

G. G. Sire:
Reg #:
Breed:
DOB:
Color:

G. G. Dam:
Reg #:
Breed:
DOB:
Color:

G. G. Sire:
Reg #:
Breed:
DOB:
Color:

G. G. Dam:
Reg #:
Breed:
DOB:
Color:

G. G. Sire:
Reg #:
Breed:
DOB:
Color:

G. G. Dam:
Reg #:
Breed:
DOB:
Color:

Goat Pedigree

Breeder:
Address:

Phone #:

Sold To:
Date:

Name:
Breed:
Reg #:
Tattoo:
DOB:
Sex:
Color:
Horns:
Notes:

I hereby certify this pedigree is correct to the best of my knowledge and belief.

Signed: _______________________ Date: _______________

Sire:
Reg #:
Breed:
DOB:
Horns:
Color:
Bred By:
Notes:

Dam:
Reg #:
Breed:
DOB:
Horns:
Color:
Bred By:
Notes:

G. Sire:
Reg #:
Breed:
DOB:
Color:
Horns:

G. Dam:
Reg #:
Breed:
DOB:
Color:
Horns:

G. Sire:
Reg #:
Breed:
DOB:
Color:
Horns:

G. Dam:
Reg #:
Breed:
DOB:
Color:
Horns:

G. G. Sire:
Reg #:
Breed:
DOB:
Color:

G. G. Dam:
Reg #:
Breed:
DOB:
Color:

G. G. Sire:
Reg #:
Breed:
DOB:
Color:

G. G. Dam:
Reg #:
Breed:
DOB:
Color:

G. G. Sire:
Reg #:
Breed:
DOB:
Color:

G. G. Dam:
Reg #:
Breed:
DOB:
Color:

G. G. Sire:
Reg #:
Breed:
DOB:
Color:

G. G. Dam:
Reg #:
Breed:
DOB:
Color:

Goat Pedigree

Breeder:
Address:

Phone #:

Sold To:
Date:

Name:
Breed:
Reg #:
Tattoo:
DOB:
Sex:
Color:
Horns:
Notes:

I hereby certify this pedigree is correct to the best of my knowledge and belief.

Signed: _______________________ Date: _______________________

Sire:
Reg #:
Breed:
DOB:
Horns:
Color:
Bred By:
Notes:

Dam:
Reg #:
Breed:
DOB:
Horns:
Color:
Bred By:
Notes:

G. Sire:
Reg #:
Breed:
DOB:
Color:
Horns:

G. Dam:
Reg #:
Breed:
DOB:
Color:
Horns:

G. Sire:
Reg #:
Breed:
DOB:
Color:
Horns:

G. Dam:
Reg #:
Breed:
DOB:
Color:
Horns:

G. G. Sire:
Reg #:
Breed:
DOB:
Color:

G. G. Dam:
Reg #:
Breed:
DOB:
Color:

G. G. Sire:
Reg #:
Breed:
DOB:
Color:

G. G. Dam:
Reg #:
Breed:
DOB:
Color:

G. G. Sire:
Reg #:
Breed:
DOB:
Color:

G. G. Dam:
Reg #:
Breed:
DOB:
Color:

G. G. Sire:
Reg #:
Breed:
DOB:
Color:

G. G. Dam:
Reg #:
Breed:
DOB:
Color:

Goat Pedigree

Breeder:
Address:

Phone #:

Sold To:
Date:

Name:
Breed:
Reg #:
Tattoo:
DOB:
Sex:
Color:
Horns:
Notes:

I hereby certify this pedigree is correct to the best of my knowledge and belief.

Signed: Date:

Sire:
Reg #:
Breed:
DOB:
Horns:
Color:
Bred By:
Notes:

Dam:
Reg #:
Breed:
DOB:
Horns:
Color:
Bred By:
Notes:

G. Sire:
Reg #:
Breed:
DOB:
Color:
Horns:

G. Dam:
Reg #:
Breed:
DOB:
Color:
Horns:

G. Sire:
Reg #:
Breed:
DOB:
Color:
Horns:

G. Dam:
Reg #:
Breed:
DOB:
Color:
Horns:

G. G. Sire:
Reg #:
Breed:
DOB:
Color:

G. G. Dam:
Reg #:
Breed:
DOB:
Color:

G. G. Sire:
Reg #:
Breed:
DOB:
Color:

G. G. Dam:
Reg #:
Breed:
DOB:
Color:

G. G. Sire:
Reg #:
Breed:
DOB:
Color:

G. G. Dam:
Reg #:
Breed:
DOB:
Color:

G. G. Sire:
Reg #:
Breed:
DOB:
Color:

G. G. Dam:
Reg #:
Breed:
DOB:
Color:

Goat Pedigree

Breeder:
Address:

Phone #:

Sold To:
Date:

Name:
Breed:
Reg #:
Tattoo:
DOB:
Sex:
Color:
Horns:
Notes:

I hereby certify this pedigree is correct to the best of my knowledge and belief.

Signed: ___________ Date: ___________

Sire:
Reg #:
Breed:
DOB:
Horns:
Color:
Bred By:
Notes:

Dam:
Reg #:
Breed:
DOB:
Horns:
Color:
Bred By:
Notes:

G. Sire:
Reg #:
Breed:
DOB:
Color:
Horns:

G. Dam:
Reg #:
Breed:
DOB:
Color:
Horns:

G. Sire:
Reg #:
Breed:
DOB:
Color:
Horns:

G. Dam:
Reg #:
Breed:
DOB:
Color:
Horns:

G. G. Sire:
Reg #:
Breed:
DOB:
Color:

G. G. Dam:
Reg #:
Breed:
DOB:
Color:

G. G. Sire:
Reg #:
Breed:
DOB:
Color:

G. G. Dam:
Reg #:
Breed:
DOB:
Color:

G. G. Sire:
Reg #:
Breed:
DOB:
Color:

G. G. Dam:
Reg #:
Breed:
DOB:
Color:

G. G. Sire:
Reg #:
Breed:
DOB:
Color:

G. G. Dam:
Reg #:
Breed:
DOB:
Color:

Goat Pedigree

Breeder:
Address:

Phone #:

Sold To:
Date:

Name:
Breed:
Reg #:
Tattoo:
DOB:
Sex:
Color:
Horns:
Notes:

Sire:
Reg #:
Breed:
DOB:
Horns:
Color:
Bred By:
Notes:

Dam:
Reg #:
Breed:
DOB:
Horns:
Color:
Bred By:
Notes:

G. Sire:
Reg #:
Breed:
DOB:
Color:
Horns:

G. Dam:
Reg #:
Breed:
DOB:
Color:
Horns:

G. Sire:
Reg #:
Breed:
DOB:
Color:
Horns:

G. Dam:
Reg #:
Breed:
DOB:
Color:
Horns:

G. G. Sire:
Reg #:
Breed:
DOB:
Color:

G. G. Dam:
Reg #:
Breed:
DOB:
Color:

G. G. Sire:
Reg #:
Breed:
DOB:
Color:

G. G. Dam:
Reg #:
Breed:
DOB:
Color:

G. G. Sire:
Reg #:
Breed:
DOB:
Color:

G. G. Dam:
Reg #:
Breed:
DOB:
Color:

G. G. Sire:
Reg #:
Breed:
DOB:
Color:

G. G. Dam:
Reg #:
Breed:
DOB:
Color:

I hereby certify this pedigree is correct to the best of my knowledge and belief.

Signed: _______________________ Date:

Goat Pedigree

Breeder:
Address:

Phone #:

Sold To:
Date:

Name:
Breed:
Reg #:
Tattoo:
DOB:
Sex:
Color:
Horns:
Notes:

Sire:
Reg #:
Breed:
DOB:
Horns:
Color:
Bred By:
Notes:

Dam:
Reg #:
Breed:
DOB:
Horns:
Color:
Bred By:
Notes:

G. Sire:
Reg #:
Breed:
DOB:
Color:
Horns:

G. Dam:
Reg #:
Breed:
DOB:
Color:
Horns:

G. Sire:
Reg #:
Breed:
DOB:
Color:
Horns:

G. Dam:
Reg #:
Breed:
DOB:
Color:
Horns:

G. G. Sire:
Reg #:
Breed:
DOB:
Color:

G. G. Dam:
Reg #:
Breed:
DOB:
Color:

G. G. Sire:
Reg #:
Breed:
DOB:
Color:

G. G. Dam:
Reg #:
Breed:
DOB:
Color:

G. G. Sire:
Reg #:
Breed:
DOB:
Color:

G. G. Dam:
Reg #:
Breed:
DOB:
Color:

G. G. Sire:
Reg #:
Breed:
DOB:
Color:

G. G. Dam:
Reg #:
Breed:
DOB:
Color:

I hereby certify this pedigree is correct to the best of my knowledge and belief.

Signed: _______________________   Date: _______________________

Goat Pedigree

Breeder:
Address:

Phone #:

Sold To:
Date:

Name:
Breed:
Reg #:
Tattoo:
DOB:
Sex:
Color:
Horns:
Notes:

*I hereby certify this pedigree
is correct to the best of my
knowledge and belief.*

Signed: _______________________ Date: _______________________

Sire:
Reg #:
Breed:
DOB:
Horns:
Color:
Bred By:
Notes:

Dam:
Reg #:
Breed:
DOB:
Horns:
Color:
Bred By:
Notes:

G. Sire:
Reg #:
Breed:
DOB:
Color:
Horns:

G. Dam:
Reg #:
Breed:
DOB:
Color:
Horns:

G. Sire:
Reg #:
Breed:
DOB:
Color:
Horns:

G. Dam:
Reg #:
Breed:
DOB:
Color:
Horns:

G. G. Sire:
Reg #:
Breed:
DOB:
Color:

G. G. Dam:
Reg #:
Breed:
DOB:
Color:

G. G. Sire:
Reg #:
Breed:
DOB:
Color:

G. G. Dam:
Reg #:
Breed:
DOB:
Color:

G. G. Sire:
Reg #:
Breed:
DOB:
Color:

G. G. Dam:
Reg #:
Breed:
DOB:
Color:

G. G. Sire:
Reg #:
Breed:
DOB:
Color:

G. G. Dam:
Reg #:
Breed:
DOB:
Color:

Goat Pedigree

Breeder:
Address:

Phone #:

Sold To:
Date:

Name:
Breed:
Reg #:
Tattoo:
DOB:
Sex:
Color:
Horns:
Notes:

Sire:
Reg #:
Breed:
DOB:
Horns:
Color:
Bred By:
Notes:

Dam:
Reg #:
Breed:
DOB:
Horns:
Color:
Bred By:
Notes:

G. Sire:
Reg #:
Breed:
DOB:
Color:
Horns:

G. Dam:
Reg #:
Breed:
DOB:
Color:
Horns:

G. Sire:
Reg #:
Breed:
DOB:
Color:
Horns:

G. Dam:
Reg #:
Breed:
DOB:
Color:
Horns:

G. G. Sire:
Reg #:
Breed:
DOB:
Color:

G. G. Dam:
Reg #:
Breed:
DOB:
Color:

G. G. Sire:
Reg #:
Breed:
DOB:
Color:

G. G. Dam:
Reg #:
Breed:
DOB:
Color:

G. G. Sire:
Reg #:
Breed:
DOB:
Color:

G. G. Dam:
Reg #:
Breed:
DOB:
Color:

G. G. Sire:
Reg #:
Breed:
DOB:
Color:

G. G. Dam:
Reg #:
Breed:
DOB:
Color:

I hereby certify this pedigree is correct to the best of my knowledge and belief.

Signed: ___________________   Date:

Goat Pedigree

Breeder:
Address:

Phone #:

Sold To:
Date:

Name:
Breed:
Reg #:
Tattoo:
DOB:
Sex:
Color:
Horns:
Notes:

*I hereby certify this pedigree
is correct to the best of my
knowledge and belief.*

Signed: ___________   Date: ___________

Sire:
Reg #:
Breed:
DOB:
Horns:
Color:
Bred By:
Notes:

Dam:
Reg #:
Breed:
DOB:
Horns:
Color:
Bred By:
Notes:

G. Sire:
Reg #:
Breed:
DOB:
Color:
Horns:

G. Dam:
Reg #:
Breed:
DOB:
Color:
Horns:

G. Sire:
Reg #:
Breed:
DOB:
Color:
Horns:

G. Dam:
Reg #:
Breed:
DOB:
Color:
Horns:

G. G. Sire:
Reg #:
Breed:
DOB:
Color:

G. G. Dam:
Reg #:
Breed:
DOB:
Color:

G. G. Sire:
Reg #:
Breed:
DOB:
Color:

G. G. Dam:
Reg #:
Breed:
DOB:
Color:

G. G. Sire:
Reg #:
Breed:
DOB:
Color:

G. G. Dam:
Reg #:
Breed:
DOB:
Color:

G. G. Sire:
Reg #:
Breed:
DOB:
Color:

G. G. Dam:
Reg #:
Breed:
DOB:
Color:

Goat Pedigree

Breeder:
Address:

Phone #:

Sold To:
Date:

Name:
Breed:
Reg #:
Tattoo:
DOB:
Sex:
Color:
Horns:
Notes:

Sire:
Reg #:
Breed:
DOB:
Horns:
Color:
Bred By:
Notes:

Dam:
Reg #:
Breed:
DOB:
Horns:
Color:
Bred By:
Notes:

G. Sire:
Reg #:
Breed:
DOB:
Color:
Horns:

G. Dam:
Reg #:
Breed:
DOB:
Color:
Horns:

G. Sire:
Reg #:
Breed:
DOB:
Color:
Horns:

G. Dam:
Reg #:
Breed:
DOB:
Color:
Horns:

G. G. Sire:
Reg #:
Breed:
DOB:
Color:

G. G. Dam:
Reg #:
Breed:
DOB:
Color:

G. G. Sire:
Reg #:
Breed:
DOB:
Color:

G. G. Dam:
Reg #:
Breed:
DOB:
Color:

G. G. Sire:
Reg #:
Breed:
DOB:
Color:

G. G. Dam:
Reg #:
Breed:
DOB:
Color:

G. G. Sire:
Reg #:
Breed:
DOB:
Color:

G. G. Dam:
Reg #:
Breed:
DOB:
Color:

I hereby certify this pedigree is correct to the best of my knowledge and belief.

Signed: _____________________   Date:

Goat Pedigree

Breeder:
Address:

Phone #:

Sold To:
Date:

Name:
Breed:
Reg #:
Tattoo:
DOB:
Sex:
Color:
Horns:
Notes:

I hereby certify this pedigree is correct to the best of my knowledge and belief.

Signed: _______________ Date: _______________

Sire:
Reg #:
Breed:
DOB:
Horns:
Color:
Bred By:
Notes:

Dam:
Reg #:
Breed:
DOB:
Horns:
Color:
Bred By:
Notes:

G. Sire:
Reg #:
Breed:
DOB:
Color:
Horns:

G. Dam:
Reg #:
Breed:
DOB:
Color:
Horns:

G. Sire:
Reg #:
Breed:
DOB:
Color:
Horns:

G. Dam:
Reg #:
Breed:
DOB:
Color:
Horns:

G. G. Sire:
Reg #:
Breed:
DOB:
Color:

G. G. Dam:
Reg #:
Breed:
DOB:
Color:

G. G. Sire:
Reg #:
Breed:
DOB:
Color:

G. G. Dam:
Reg #:
Breed:
DOB:
Color:

G. G. Sire:
Reg #:
Breed:
DOB:
Color:

G. G. Dam:
Reg #:
Breed:
DOB:
Color:

G. G. Sire:
Reg #:
Breed:
DOB:
Color:

G. G. Dam:
Reg #:
Breed:
DOB:
Color:

Goat Pedigree

Breeder:
Address:

Phone #:

Sold To:
Date:

Name:
Breed:
Reg #:
Tattoo:
DOB:
Sex:
Color:
Horns:
Notes:

I hereby certify this pedigree is correct to the best of my knowledge and belief.

Signed: _______________   Date:

Sire:
Reg #:
Breed:
DOB:
Horns:
Color:
Bred By:
Notes:

Dam:
Reg #:
Breed:
DOB:
Horns:
Color:
Bred By:
Notes:

G. Sire:
Reg #:
Breed:
DOB:
Color:
Horns:

G. Dam:
Reg #:
Breed:
DOB:
Color:
Horns:

G. Sire:
Reg #:
Breed:
DOB:
Color:
Horns:

G. Dam:
Reg #:
Breed:
DOB:
Color:
Horns:

G. G. Sire:
Reg #:
Breed:
DOB:
Color:

G. G. Dam:
Reg #:
Breed:
DOB:
Color:

G. G. Sire:
Reg #:
Breed:
DOB:
Color:

G. G. Dam:
Reg #:
Breed:
DOB:
Color:

G. G. Sire:
Reg #:
Breed:
DOB:
Color:

G. G. Dam:
Reg #:
Breed:
DOB:
Color:

G. G. Sire:
Reg #:
Breed:
DOB:
Color:

G. G. Dam:
Reg #:
Breed:
DOB:
Color:

Goat Pedigree

Breeder:
Address:

Phone #:

Sold To:
Date:

Name:
Breed:
Reg #:
Tattoo:
DOB:
Sex:
Color:
Horns:
Notes:

I hereby certify this pedigree is correct to the best of my knowledge and belief.

Signed: ___________________ Date:

Sire:
Reg #:
Breed:
DOB:
Horns:
Color:
Bred By:
Notes:

Dam:
Reg #:
Breed:
DOB:
Horns:
Color:
Bred By:
Notes:

G. Sire:
Reg #:
Breed:
DOB:
Color:
Horns:

G. Dam:
Reg #:
Breed:
DOB:
Color:
Horns:

G. Sire:
Reg #:
Breed:
DOB:
Color:
Horns:

G. Dam:
Reg #:
Breed:
DOB:
Color:
Horns:

G. G. Sire:
Reg #:
Breed:
DOB:
Color:

G. G. Dam:
Reg #:
Breed:
DOB:
Color:

G. G. Sire:
Reg #:
Breed:
DOB:
Color:

G. G. Dam:
Reg #:
Breed:
DOB:
Color:

G. G. Sire:
Reg #:
Breed:
DOB:
Color:

G. G. Dam:
Reg #:
Breed:
DOB:
Color:

G. G. Sire:
Reg #:
Breed:
DOB:
Color:

G. G. Dam:
Reg #:
Breed:
DOB:
Color:

Goat Pedigree

Breeder:
Address:

Phone #:

Sold To:
Date:

Name:
Breed:
Reg #:
Tattoo:
DOB:
Sex:
Color:
Horns:
Notes:

I hereby certify this pedigree is correct to the best of my knowledge and belief.

Signed: _______________   Date: _______________

Sire:
Reg #:
Breed:
DOB:
Horns:
Color:
Bred By:
Notes:

Dam:
Reg #:
Breed:
DOB:
Horns:
Color:
Bred By:
Notes:

G. Sire:
Reg #:
Breed:
DOB:
Color:
Horns:

G. Dam:
Reg #:
Breed:
DOB:
Color:
Horns:

G. Sire:
Reg #:
Breed:
DOB:
Color:
Horns:

G. Dam:
Reg #:
Breed:
DOB:
Color:
Horns:

G. G. Sire:
Reg #:
Breed:
DOB:
Color:

G. G. Dam:
Reg #:
Breed:
DOB:
Color:

G. G. Sire:
Reg #:
Breed:
DOB:
Color:

G. G. Dam:
Reg #:
Breed:
DOB:
Color:

G. G. Sire:
Reg #:
Breed:
DOB:
Color:

G. G. Dam:
Reg #:
Breed:
DOB:
Color:

G. G. Sire:
Reg #:
Breed:
DOB:
Color:

G. G. Dam:
Reg #:
Breed:
DOB:
Color:

Goat Pedigree

Breeder:
Address:

Phone #:

Sold To:
Date:

Name:
Breed:
Reg #:
Tattoo:
DOB:
Sex:
Color:
Horns:
Notes:

*I hereby certify this pedigree
is correct to the best of my
knowledge and belief.*

Signed: _______________________ Date:

Sire:
Reg #:
Breed:
DOB:
Horns:
Color:
Bred By:
Notes:

Dam:
Reg #:
Breed:
DOB:
Horns:
Color:
Bred By:
Notes:

G. Sire:
Reg #:
Breed:
DOB:
Color:
Horns:

G. Dam:
Reg #:
Breed:
DOB:
Color:
Horns:

G. Sire:
Reg #:
Breed:
DOB:
Color:
Horns:

G. Dam:
Reg #:
Breed:
DOB:
Color:
Horns:

G. G. Sire:
Reg #:
Breed:
DOB:
Color:

G. G. Dam:
Reg #:
Breed:
DOB:
Color:

G. G. Sire:
Reg #:
Breed:
DOB:
Color:

G. G. Dam:
Reg #:
Breed:
DOB:
Color:

G. G. Sire:
Reg #:
Breed:
DOB:
Color:

G. G. Dam:
Reg #:
Breed:
DOB:
Color:

G. G. Sire:
Reg #:
Breed:
DOB:
Color:

G. G. Dam:
Reg #:
Breed:
DOB:
Color:

Goat Pedigree

Breeder:
Address:

Phone #:

Sold To:
Date:

Name:
Breed:
Reg #:
Tattoo:
DOB:
Sex:
Color:
Horns:
Notes:

Sire:
Reg #:
Breed:
DOB:
Horns:
Color:
Bred By:
Notes:

Dam:
Reg #:
Breed:
DOB:
Horns:
Color:
Bred By:
Notes:

G. Sire:
Reg #:
Breed:
DOB:
Color:
Horns:

G. Dam:
Reg #:
Breed:
DOB:
Color:
Horns:

G. Sire:
Reg #:
Breed:
DOB:
Color:
Horns:

G. Dam:
Reg #:
Breed:
DOB:
Color:
Horns:

G. G. Sire:
Reg #:
Breed:
DOB:
Color:

G. G. Dam:
Reg #:
Breed:
DOB:
Color:

G. G. Sire:
Reg #:
Breed:
DOB:
Color:

G. G. Dam:
Reg #:
Breed:
DOB:
Color:

G. G. Sire:
Reg #:
Breed:
DOB:
Color:

G. G. Dam:
Reg #:
Breed:
DOB:
Color:

G. G. Sire:
Reg #:
Breed:
DOB:
Color:

G. G. Dam:
Reg #:
Breed:
DOB:
Color:

I hereby certify this pedigree is correct to the best of my knowledge and belief.

Signed: ___________________   Date:

Goat Pedigree

Breeder:
Address:

Phone #:

Sold To:
Date:

Name:
Breed:
Reg #:
Tattoo:
DOB:
Sex:
Color:
Horns:
Notes:

I hereby certify this pedigree is correct to the best of my knowledge and belief.

Signed: _______________________   Date:

Sire:
Reg #:
Breed:
DOB:
Horns:
Color:
Bred By:
Notes:

Dam:
Reg #:
Breed:
DOB:
Horns:
Color:
Bred By:
Notes:

G. Sire:
Reg #:
Breed:
DOB:
Color:
Horns:

G. Dam:
Reg #:
Breed:
DOB:
Color:
Horns:

G. Sire:
Reg #:
Breed:
DOB:
Color:
Horns:

G. Dam:
Reg #:
Breed:
DOB:
Color:
Horns:

G. G. Sire:
Reg #:
Breed:
DOB:
Color:

G. G. Dam:
Reg #:
Breed:
DOB:
Color:

G. G. Sire:
Reg #:
Breed:
DOB:
Color:

G. G. Dam:
Reg #:
Breed:
DOB:
Color:

G. G. Sire:
Reg #:
Breed:
DOB:
Color:

G. G. Dam:
Reg #:
Breed:
DOB:
Color:

G. G. Sire:
Reg #:
Breed:
DOB:
Color:

G. G. Dam:
Reg #:
Breed:
DOB:
Color:

Goat Pedigree

Breeder:
Address:

Phone #:

Sold To:
Date:

Name:
Breed:
Reg #:
Tattoo:
DOB:
Sex:
Color:
Horns:
Notes:

Sire:
Reg #:
Breed:
DOB:
Horns:
Color:
Bred By:
Notes:

Dam:
Reg #:
Breed:
DOB:
Horns:
Color:
Bred By:
Notes:

G. Sire:
Reg #:
Breed:
DOB:
Color:
Horns:

G. Dam:
Reg #:
Breed:
DOB:
Color:
Horns:

G. Sire:
Reg #:
Breed:
DOB:
Color:
Horns:

G. Dam:
Reg #:
Breed:
DOB:
Color:
Horns:

G. G. Sire:
Reg #:
Breed:
DOB:
Color:

G. G. Dam:
Reg #:
Breed:
DOB:
Color:

G. G. Sire:
Reg #:
Breed:
DOB:
Color:

G. G. Dam:
Reg #:
Breed:
DOB:
Color:

G. G. Sire:
Reg #:
Breed:
DOB:
Color:

G. G. Dam:
Reg #:
Breed:
DOB:
Color:

G. G. Sire:
Reg #:
Breed:
DOB:
Color:

G. G. Dam:
Reg #:
Breed:
DOB:
Color:

I hereby certify this pedigree is correct to the best of my knowledge and belief.

Signed: ___________________ Date:

Goat Pedigree

Breeder:
Address:

Phone #:

Sold To:
Date:

Name:
Breed:
Reg #:
Tattoo:
DOB:
Sex:
Color:
Horns:
Notes:

Sire:
Reg #:
Breed:
DOB:
Horns:
Color:
Bred By:
Notes:

Dam:
Reg #:
Breed:
DOB:
Horns:
Color:
Bred By:
Notes:

G. Sire:
Reg #:
Breed:
DOB:
Color:
Horns:

G. Dam:
Reg #:
Breed:
DOB:
Color:
Horns:

G. Sire:
Reg #:
Breed:
DOB:
Color:
Horns:

G. Dam:
Reg #:
Breed:
DOB:
Color:
Horns:

G. G. Sire:
Reg #:
Breed:
DOB:
Color:

G. G. Dam:
Reg #:
Breed:
DOB:
Color:

G. G. Sire:
Reg #:
Breed:
DOB:
Color:

G. G. Dam:
Reg #:
Breed:
DOB:
Color:

G. G. Sire:
Reg #:
Breed:
DOB:
Color:

G. G. Dam:
Reg #:
Breed:
DOB:
Color:

G. G. Sire:
Reg #:
Breed:
DOB:
Color:

G. G. Dam:
Reg #:
Breed:
DOB:
Color:

*I hereby certify this pedigree
is correct to the best of my
knowledge and belief.*

Signed: _______________________ Date: _______________________

Goat Pedigree

Breeder:
Address:

Phone #:

Sold To:
Date:

Name:
Breed:
Reg #:
Tattoo:
DOB:
Sex:
Color:
Horns:
Notes:

I hereby certify this pedigree is correct to the best of my knowledge and belief.

Signed: _______________________ Date: _______________________

Sire:
Reg #:
Breed:
DOB:
Horns:
Color:
Bred By:
Notes:

Dam:
Reg #:
Breed:
DOB:
Horns:
Color:
Bred By:
Notes:

G. Sire:
Reg #:
Breed:
DOB:
Color:
Horns:

G. Dam:
Reg #:
Breed:
DOB:
Color:
Horns:

G. Sire:
Reg #:
Breed:
DOB:
Color:
Horns:

G. Dam:
Reg #:
Breed:
DOB:
Color:
Horns:

G. G. Sire:
Reg #:
Breed:
DOB:
Color:

G. G. Dam:
Reg #:
Breed:
DOB:
Color:

G. G. Sire:
Reg #:
Breed:
DOB:
Color:

G. G. Dam:
Reg #:
Breed:
DOB:
Color:

G. G. Sire:
Reg #:
Breed:
DOB:
Color:

G. G. Dam:
Reg #:
Breed:
DOB:
Color:

G. G. Sire:
Reg #:
Breed:
DOB:
Color:

G. G. Dam:
Reg #:
Breed:
DOB:
Color:

Goat Pedigree

Breeder:
Address:

Phone #:

Sold To:
Date:

Name:
Breed:
Reg #:
Tattoo:
DOB:
Sex:
Color:
Horns:
Notes:

I hereby certify this pedigree is correct to the best of my knowledge and belief.

Signed: ___________________ Date: ___________________

Sire:
Reg #:
Breed:
DOB:
Horns:
Color:
Bred By:
Notes:

Dam:
Reg #:
Breed:
DOB:
Horns:
Color:
Bred By:
Notes:

G. Sire:
Reg #:
Breed:
DOB:
Color:
Horns:

G. Dam:
Reg #:
Breed:
DOB:
Color:
Horns:

G. Sire:
Reg #:
Breed:
DOB:
Color:
Horns:

G. Dam:
Reg #:
Breed:
DOB:
Color:
Horns:

G. G. Sire:
Reg #:
Breed:
DOB:
Color:

G. G. Dam:
Reg #:
Breed:
DOB:
Color:

G. G. Sire:
Reg #:
Breed:
DOB:
Color:

G. G. Dam:
Reg #:
Breed:
DOB:
Color:

G. G. Sire:
Reg #:
Breed:
DOB:
Color:

G. G. Dam:
Reg #:
Breed:
DOB:
Color:

G. G. Sire:
Reg #:
Breed:
DOB:
Color:

G. G. Dam:
Reg #:
Breed:
DOB:
Color:

Goat Pedigree

Breeder:
Address:

Phone #:

Sold To:
Date:

Name:
Breed:
Reg #:
Tattoo:
DOB:
Sex:
Color:
Horns:
Notes:

I hereby certify this pedigree is correct to the best of my knowledge and belief.

Signed: ___________________ Date:

Sire:
Reg #:
Breed:
DOB:
Horns:
Color:
Bred By:
Notes:

Dam:
Reg #:
Breed:
DOB:
Horns:
Color:
Bred By:
Notes:

G. Sire:
Reg #:
Breed:
DOB:
Color:
Horns:

G. Dam:
Reg #:
Breed:
DOB:
Color:
Horns:

G. Sire:
Reg #:
Breed:
DOB:
Color:
Horns:

G. Dam:
Reg #:
Breed:
DOB:
Color:
Horns:

G. G. Sire:
Reg #:
Breed:
DOB:
Color:

G. G. Dam:
Reg #:
Breed:
DOB:
Color:

G. G. Sire:
Reg #:
Breed:
DOB:
Color:

G. G. Dam:
Reg #:
Breed:
DOB:
Color:

G. G. Sire:
Reg #:
Breed:
DOB:
Color:

G. G. Dam:
Reg #:
Breed:
DOB:
Color:

G. G. Sire:
Reg #:
Breed:
DOB:
Color:

G. G. Dam:
Reg #:
Breed:
DOB:
Color:

Goat Pedigree

Breeder:
Address:

Phone #:

Sold To:
Date:

Name:
Breed:
Reg #:
Tattoo:
DOB:
Sex:
Color:
Horns:
Notes:

Sire:
Reg #:
Breed:
DOB:
Horns:
Color:
Bred By:
Notes:

Dam:
Reg #:
Breed:
DOB:
Horns:
Color:
Bred By:
Notes:

G. Sire:
Reg #:
Breed:
DOB:
Color:
Horns:

G. Dam:
Reg #:
Breed:
DOB:
Color:
Horns:

G. Sire:
Reg #:
Breed:
DOB:
Color:
Horns:

G. Dam:
Reg #:
Breed:
DOB:
Color:
Horns:

G. G. Sire:
Reg #:
Breed:
DOB:
Color:

G. G. Dam:
Reg #:
Breed:
DOB:
Color:

G. G. Sire:
Reg #:
Breed:
DOB:
Color:

G. G. Dam:
Reg #:
Breed:
DOB:
Color:

G. G. Sire:
Reg #:
Breed:
DOB:
Color:

G. G. Dam:
Reg #:
Breed:
DOB:
Color:

G. G. Sire:
Reg #:
Breed:
DOB:
Color:

G. G. Dam:
Reg #:
Breed:
DOB:
Color:

I hereby certify this pedigree is correct to the best of my knowledge and belief.

Signed: _______________________   Date: _______________________

Goat Pedigree

Breeder:
Address:

Phone #:

Sold To:
Date:

Name:
Breed:
Reg #:
Tattoo:
DOB:
Sex:
Color:
Horns:
Notes:

I hereby certify this pedigree is correct to the best of my knowledge and belief.

Signed: _______________ Date: _______________

Sire:
Reg #:
Breed:
DOB:
Horns:
Color:
Bred By:
Notes:

Dam:
Reg #:
Breed:
DOB:
Horns:
Color:
Bred By:
Notes:

G. Sire:
Reg #:
Breed:
DOB:
Color:
Horns:

G. Dam:
Reg #:
Breed:
DOB:
Color:
Horns:

G. Sire:
Reg #:
Breed:
DOB:
Color:
Horns:

G. Dam:
Reg #:
Breed:
DOB:
Color:
Horns:

G. G. Sire:
Reg #:
Breed:
DOB:
Color:

G. G. Dam:
Reg #:
Breed:
DOB:
Color:

G. G. Sire:
Reg #:
Breed:
DOB:
Color:

G. G. Dam:
Reg #:
Breed:
DOB:
Color:

G. G. Sire:
Reg #:
Breed:
DOB:
Color:

G. G. Dam:
Reg #:
Breed:
DOB:
Color:

G. G. Sire:
Reg #:
Breed:
DOB:
Color:

G. G. Dam:
Reg #:
Breed:
DOB:
Color:

Need Some More Pedigree Forms?

You can find this book on Amazon, as well as other useful books to keep your farm organized.